2017

客厅
LIVINGROOM
欧式风格
EUROPEAN STYLE

ZZD 佐泽思维·佐泽设计 编著
ZZD THINKING & ZZD DESIGN

海峡出版发行集团 | 福建科学技术出版社
THE STRAITS PUBLISHING & DISTRIBUTING GROUP | FUJIAN SCIENCE & TECHNOLOGY PUBLISHING HOUSE

主要材料：①灰镜 ②微晶石

主要材料：①有色乳胶漆 ②波斯灰大理石

主要材料：①无纺布壁纸 ②玻化砖

主要材料：①车边茶镜 ②欧式壁纸

主要材料：①仿帕斯高灰大理石 ②灰色壁纸

主要材料：①爵士白大理石 ②印花茶镜

主要材料：①木质饰面板 ②玻化砖

主要材料：①意大利灰大理石 ②大理石拼花地板

主要材料：①硬包 ②无纺布壁纸

主要材料：①仿大理石瓷砖 ②暖灰色壁纸

主要材料：①金花米黄大理石 ②玻化砖

主要材料：①大理石拼花地板 ②白色护墙板

主要材料：①仿古砖 ②欧式壁纸

主要材料：①爵士白大理石 ②欧式壁纸

主要材料：①啡网纹大理石拼花地板 ②金花米黄大理石

主要材料：①木纹玉石 ②绒布硬包

主要材料：①大理石拼花地板 ②白色护墙板

主要材料：①玉石 ②黑银龙大理石

5

主要材料：①有色乳胶漆 ②白色护墙板

主要材料：①仿帕斯高灰大理石 ②灰色壁纸

主要材料：①杉木地板 ②文化石

主要材料：①玉石 ②黑银龙大理石

主要材料：①仿大理石瓷砖 ②麻纹壁纸

主要材料：①木质饰面板　②木纹玉石

主要材料：①浓墨山水纹大理石　②阿曼米黄大理石

主要材料：①地毯　②白色护墙板

主要材料：①金箔壁纸　②欧式壁纸

主要材料：①白色玻璃钢　②大理石拼花地板

主要材料：①微晶石　②莎安娜米黄大理石

主要材料：①大理石拼花地板　②欧式白枫木护墙板

主要材料：①浮雕壁纸　②马赛克

主要材料：①玻化砖 ②无纺布壁纸

主要材料：①皮质硬包 ②金箔壁纸

主要材料：①欧式壁纸 ②旧米黄大理石

主要材料：①金箔壁纸 ②绒布硬包

主要材料：①皮质硬包 ②玻化砖

主要材料：①深啡网大理石波打线 ②硬包

主要材料：①实木地板 ②大花白大理石

主要材料：①欧式壁纸 ②白色护墙板

主要材料：①通花板 ②浮雕壁纸

主要材料：①莎安娜米黄大理石 ②黑金花大理石波打线

主要材料：①玻化砖 ②白色护墙板

主要材料：①微晶石 ②布艺软包

主要材料：①车边银镜 ②皮雕软包

主要材料：①莎安娜米黄大理石 ②欧式壁纸

主要材料：①米黄大理石 ②雅士白大理石

主要材料：①仿大理石瓷砖 ②壁纸

主要材料：①皮质硬包 ②爵士白大理石

主要材料：①大理石拼花地板 ②莎安娜米黄大理石

主要材料：①爵士白大理石 ②欧式壁纸

主要材料：①墙布 ②皮雕软包　　　　　　　　主要材料：①金丝米黄大理石 ②欧式壁纸

主要材料：①金丝米黄大理石 ②皮雕软包　　　　主要材料：①新雅米黄大理石 ②金箔壁纸

主要材料：①爵士白大理石 ②西班牙米黄大理石

主要材料：①白色护墙板 ②欧式壁纸

主要材料：①木质通花板 ②木纹大理石

主要材料：①欧式壁纸 ②仿大理石瓷砖

主要材料：①黑白根大理石 ②黄色乳胶漆

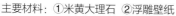

主要材料：①米黄大理石 ②浮雕壁纸

主要材料：①浮雕壁纸 ②马赛克

主要材料：①欧式壁纸 ②皮质软包

主要材料：①大花白大理石 ②玻化砖

主要材料：①木纹大理石 ②茶镜

15

主要材料：①白色护墙板 ②欧式壁纸

主要材料：①木纹砖 ②车边银镜

主要材料：①车边茶镜 ②深啡网大理石

主要材料：①硬包 ②大花白大理石

主要材料：①陶瓷锦砖 ②仿古砖

主要材料：①实木地板 ②密度板通花

主要材料：①水曲柳木地板 ②白色护墙板

主要材料：①黑镜 ②爵士白大理石

主要材料：①水曲柳饰面板擦色 ②墙布

主要材料：①欧式壁纸 ②白色护墙板

主要材料：①爵士白大理石 ②大理石拼花地板

主要材料：①密度板通花 ②实木地板

主要材料：①车边茶镜 ②欧式墙布

主要材料：①木纹大理石 ②米黄大理石

主要材料：①金叶米黄大理石 ②玻化砖

主要材料：①实木地板 ②镜面玻璃马赛克

主要材料：①墙布 ②仿大理石瓷砖

主要材料：①灰色壁纸 ②仿帕斯高灰大理石

主要材料：①大理石拼花地板 ②白色护墙板

客厅
LIVING ROOM

主要材料：①欧式壁纸 ②新米黄大理石

主要材料：①皮质软包 ②欧式壁纸

主要材料：①实木线混油 ②肌理漆

主要材料：①玻化砖 ②欧式壁纸

主要材料：①文化石 ②仿古砖

主要材料：①无纺布壁纸 ②白色护墙板

主要材料：①灰网纹大理石拼花地板 ②麻质硬包

主要材料：①黑金花大理石 ②银箔壁纸

主要材料：①欧式壁纸 ②玻化砖

主要材料：①皮质硬包 ②釉面砖

主要材料：①仿大理石瓷砖 ②木纹砖

主要材料：①金叶米黄大理石 ②欧式壁纸

主要材料：①白色护墙板 ②金箔壁纸

主要材料：①欧式壁纸 ②布艺软包

主要材料：①粉红罗莎大理石 ②玻化砖

主要材料：①银镜 ②仿大理石瓷砖

主要材料：①仿古砖 ②白色护墙板

主要材料：①爵士白大理石 ②通花板

主要材料：①皮质硬包 ②马赛克

主要材料：①银箔壁纸 ②木纹砖

主要材料：①仿大理石瓷砖 ②欧式壁纸

主要材料：①玉石 ②爵士白大理石

主要材料：①皮质软包 ②仿大理石瓷砖

主要材料：①金刚板 ②绒布硬包

主要材料：①山水纹大理石 ②浮雕壁纸

主要材料：①做旧实木地板 ②湖蓝色护墙板

主要材料：①爵士白大理石 ②大理石拼花地板

主要材料：①白色水曲柳饰面板 ②玻化砖

主要材料：①车边银镜 ②密度板造型

主要材料：①釉面砖 ②软包

主要材料：①云彩玉 ②马赛克

主要材料：①爵士白大理石 ②土黄色乳胶漆

主要材料：①无纺布壁纸 ②仿大理石瓷砖

主要材料：①仿古砖 ②欧式壁纸

主要材料：①皮质硬包 ②黑金花大理石

主要材料：①欧式壁纸 ②白色护墙板

主要材料：①欧式墙纸 ②大理石拼花地板

主要材料：①木纹大理石 ②黑金花大理石

主要材料：①植纹柚木饰面板 ②欧式壁纸

主要材料：①白色护墙板 ②硬包

主要材料：①古堡灰大理石 ②白橡木饰面板

主要材料：①米黄色乳胶漆 ②玻化砖

主要材料：①密度板通花 ②米黄大理石

主要材料：①微晶石 ②仿帕斯高灰大理石

主要材料：①壁纸 ②灰洞石

主要材料：①硅藻泥 ②玻化砖

主要材料：①地毯 ②湖蓝色护墙板

主要材料：①皮质硬包 ②印花银镜

主要材料：①金丝米黄大理石 ②玻化砖

主要材料：①橙皮红大理石 ②米黄大理石

主要材料：①白色水曲柳板条 ②仿古砖

主要材料：①欧式壁纸 ②玻化砖

主要材料：①白色护墙板 ②仿古砖

主要材料：①欧式壁纸 ②玻化砖

主要材料：①欧式壁纸 ②仿波斯灰大理石

主要材料：①灰镜 ②无纺布壁纸

主要材料：①玉石 ②大理石拼花地板

主要材料：①皮质硬包 ②欧式壁纸

主要材料：①台湾和平白大理石 ②玻化砖

主要材料：①皮质硬包 ②大理石拼花地板

主要材料：①爵士白大理石 ②黑色烤漆玻璃

主要材料：①欧式壁纸 ②粉红罗莎大理石

主要材料：①镜面玻璃马赛克 ②玻化砖

主要材料：①玻化砖 ②湖蓝色乳胶漆

主要材料：①白色护墙板 ②中花白大理石

主要材料：①文化石 ②仿古砖

主要材料：①马赛克瓷砖 ②皮质硬包

主要材料：①欧式壁纸 ②白色护墙板

主要材料：①镜面玻璃马赛克 ②金箔壁纸

主要材料：①木纹大理石 ②皮雕软包

主要材料：①大花白大理石 ②浅啡网大理石

主要材料：①银镜 ②皮质硬包

主要材料：①皮质硬包 ②深啡网大理石波打线

主要材料：①条纹壁纸 ②玻化砖

主要材料：①灰木纹大理石 ②木质地板

主要材料：①绒布软包 ②柚木地板

主要材料：①微晶石 ②软包

主要材料：①黑白根大理石 ②金叶米黄大理石

主要材料：①欧式壁纸 ②米黄大理石

主要材料：①新雅米黄大理石 ②欧式壁纸

主要材料：①欧式壁纸 ②深灰网大理石波打线

主要材料：①浮雕壁纸 ②粉红罗莎大理石

主要材料：①微晶石 ②玻化砖

主要材料：①微晶石 ②米黄大理石

主要材料：①深啡网大理石拼花地板 ②浮雕壁纸

主要材料：①沙比利饰面板 ②欧式壁纸

主要材料：①米黄洞石 ②釉面砖

主要材料：①硅藻泥 ②釉面砖

主要材料：①肌理漆 ②仿大理石瓷砖

主要材料：①肌理壁纸 ②杉木地板

主要材料：①布艺硬包 ②米黄大理石

主要材料：①肌理壁纸 ②灰木纹石

主要材料：①微晶石 ②镜面玻璃马赛克

主要材料：①浮雕壁纸 ②实木地板

主要材料：①柚木饰面板 ②金箔壁纸

主要材料：①皮质硬包 ②大理石拼花地板　　　　　　　　主要材料：①樱桃木饰面板 ②绒布硬包

主要材料：①灰木纹大理石 ②爵士白大理石　　　　　　　主要材料：①镜面玻璃马赛克 ②植绒壁纸

主要材料：①米黄大理石 ②马赛克

主要材料：①胡桃木饰面板 ②大理石拼花地板

主要材料：①无纺布壁纸 ②仿古砖

主要材料：①柚木饰面板 ②地毯

主要材料：①柚木饰面板 ②大理石拼花地板

主要材料：①白松木板吊顶 ②仿古砖

主要材料：①做旧实木地板 ②湖蓝色乳胶漆

主要材料：①爵士白大理石 ②玻化砖

主要材料：①玻化砖 ②皮雕软包

主要材料：①灰色乳胶漆 ②斑马木饰面板

主要材料：①意大利灰大理石 ②大理石拼花地板

主要材料：①白橡木饰面板 ②爵士白大理石

主要材料：①做旧实木地板 ②湖蓝色护墙板

主要材料：①银箔壁纸 ②硬包

主要材料：①欧式壁纸 ②仿古砖

主要材料：①红橡木饰面板 ②仿古砖

主要材料：①银箔壁纸 ②米黄木纹石

主要材料：①金叶米黄大理石 ②硬包

主要材料：①微晶石 ②麻质壁纸

主要材料：①金箔壁纸 ②大理石拼花地板

主要材料：①欧式壁纸 ②软包

主要材料：①亮光壁纸 ②玻化砖

主要材料：①米黄大理石 ②深啡网大理石波打线

主要材料：①世纪米黄大理石 ②皮雕软包

主要材料：①条纹壁纸 ②玻化砖

主要材料：①仿古砖 ②硅藻泥

主要材料：①仿大理石瓷砖 ②仿古砖

主要材料：①艺术壁纸 ②仿古砖

主要材料：①麻质硬包 ②深啡网大理石

主要材料：①玉石 ②帕斯高灰大理石

主要材料：①金花米黄大理石 ②深啡网大理石波打线

主要材料：①欧式壁纸 ②玻化砖

主要材料：①白色水曲柳饰面板 ②无纺布壁纸

主要材料：①仿大理石瓷砖 ②玻化砖

主要材料：①黑胡桃木饰面板 ②金丝米黄大理石

主要材料：①文化砖 ②马赛克

主要材料：①欧式壁纸 ②白色护墙板

主要材料：①红胡桃木饰面板 ②大理石拼花地板

主要材料：①硬包 ②车边银镜

主要材料：①意大利灰大理石 ②大理石拼花地板

主要材料：①黑镜 ②白橡木饰面板

主要材料：①有色乳胶漆 ②大理石拼花地板

主要材料：①雅士白大理石 ②金刚板

主要材料：①木质饰面板 ②玻化砖

主要材料：①白色水曲柳饰面板 ②中花白大理石

主要材料：①无纺布壁纸 ②仿古砖

主要材料：①欧式壁纸 ②仿大理石瓷砖

主要材料：①富贵金龙大理石 ②玻化砖

主要材料：①欧式壁纸 ②金刚板

主要材料：①波斯海浪灰大理石 ②爵士白大理石

主要材料：①玉石 ②黑金花大理石

主要材料：①艺术壁纸 ②灰镜

主要材料：①皮雕软包 ②欧式壁纸

主要材料：①金花米黄大理石 ②阿曼米黄大理石

主要材料：①黑金花大理石波打线 ②皮雕软包

主要材料：①皮雕软包 ②米黄大理石

主要材料：①新雅米黄大理石 ②大理石拼花地板

主要材料：①麻质墙布 ②金刚板

主要材料：①仿古砖 ②白色护墙板

主要材料：①浮雕壁纸 ②玻化砖

主要材料：①金箔壁纸 ②白色护墙板

主要材料：①茶镜 ②欧式壁纸

主要材料：①文化石 ②肌理漆

主要材料：①手绘画 ②水曲柳木地板

主要材料：①米黄大理石 ②雅士白大理石

主要材料：①皮雕软包 ②有色乳胶漆

主要材料：①白色护墙板 ②欧式壁纸

主要材料：①灰色乳胶漆 ②仿古砖

主要材料：①车边灰镜 ②有色乳胶漆

主要材料：①仿古砖 ②湛蓝色乳胶漆

主要材料：①硬包 ②仿大理石瓷砖

主要材料：①爵士白大理石 ②木质格栅

主要材料：①壁纸 ②玻化砖

主要材料：①仿文化石壁纸 ②仿古砖

主要材料：①黑金砂大理石 ②印花灰镜

主要材料：①硬包 ②大理石拼花地板

主要材料：①灰镜　②大理石瓷砖

主要材料：①雅士白大理石　②金刚板

主要材料：①雅士白大理石　②釉面砖

主要材料：①条纹壁纸　②仿大理石瓷砖

主要材料：①皮雕软包 ②银箔壁纸

主要材料：①世纪米黄大理石 ②大理石拼花地板

主要材料：①条纹壁纸 ②实木地板

主要材料：①金花米黄大理石 ②胡桃木饰面板

主要材料：①水曲柳饰面板 ②爵士白大理石

主要材料：①木纹砖 ②软包

主要材料：①水曲柳饰面板 ②仿木纹大理石

主要材料：①免漆板 ②玻化砖

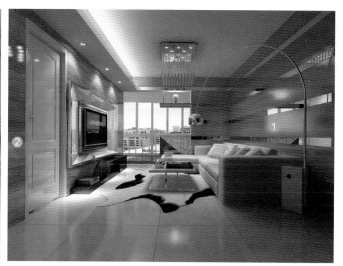

主要材料：①枫木饰面板 ②灰木纹石

主要材料：①条纹壁纸 ②玻化砖

主要材料：①印花灰镜 ②无纺布壁纸

主要材料：①玻化砖 ②麻质硬包

主要材料：①黑金砂大理石 ②壁纸

主要材料：①爵士白大理石 ②蓝灰色护墙板

主要材料：①爵士白大理石 ②玻化砖

主要材料：①浮雕壁纸 ②肌理漆

主要材料：①云多拉灰大理石 ②白色护墙板

主要材料：①波斯灰大理石 ②中花白大理石

主要材料：①雅士白大理石 ②白色护墙板

主要材料：①壁纸 ②密度板

主要材料：①中花白大理石 ②波斯灰大理石

主要材料：①雨林啡大理石 ②玻化砖

主要材料：①木纹玉石 ②米黄大理石

主要材料：①枫木饰面板　②无纺布壁纸

主要材料：①红橡木饰面板　②玻化砖

主要材料：①雪花白大理石　②波斯灰大理石

主要材料：①金花米黄大理石　②麻质硬包

主要材料：①欧式壁纸　②仿古砖

主要材料：①云纹大理石 ②玻化砖

主要材料：①白色护墙板 ②肌理壁纸

主要材料：①金箔壁纸 ②仿大理石瓷砖

主要材料：①斑马木饰面板 ②绿色乳胶漆

主要材料：①新雅米黄大理石 ②硬包

主要材料：①浅啡网大理石 ②皮质硬包

主要材料：①浓墨山水纹大理石 ②仿木纹砖

主要材料：①无纺布壁纸 ②仿古砖

主要材料：①麻质硬包 ②雨林啡大理石

主要材料：①硅藻泥　②大花白大理石　　　　　主要材料：①爵士白大理石　②仿大理石瓷砖

主要材料：①杉木饰面板　②密度板通花

主要材料：①硬包　②水曲柳木地板

主要材料：①硬包 ②木纹砖

主要材料：①木纹大理石 ②浅啡网大理石

主要材料：①密度板通花 ②仿古砖

主要材料：①白橡木饰面板 ②皮质硬包

主要材料：①橙皮红大理石 ②金叶米黄大理石

主要材料：①直纹白大理石 ②金叶米黄大理石

主要材料：①欧式壁纸 ②玻化砖

主要材料：①白色护墙板 ②麻质地毯

主要材料：①浅啡网大理石波打线 ②硬包

主要材料：①马赛克 ②肌理漆

主要材料：①米黄色乳胶漆 ②皮质硬包

主要材料：①深啡网大理石 ②玻化砖

主要材料：①无纺布壁纸 ②釉面砖

主要材料：①布艺软包 ②玻化砖

主要材料：①金叶米黄大理石　②仿大理石瓷砖

主要材料：①皮质硬包　②肌理漆

主要材料：①无纺布壁纸　②仿大理石瓷砖

主要材料：①灰色壁纸　②玻化砖

主要材料：①深啡网大理石　②马赛克

主要材料：①玉石 ②硬包

主要材料：①皮质软包 ②浮雕壁纸

主要材料：①硅藻泥 ②白橡木饰面板

主要材料：①马赛克 ②玻化砖

主要材料：①车边银镜 ②玻化砖

主要材料：①金叶米黄大理石 ②车边银镜

主要材料：①条纹壁纸 ②水曲柳木地板

主要材料：①欧式壁纸 ②仿大理石瓷砖

主要材料：①马赛克 ②玻化砖

主要材料：①白色护墙板 ②欧式壁纸

主要材料：①帕斯高灰大理石 ②大理石拼花地板

主要材料：①茶绿色乳胶漆 ②玻化砖

主要材料：①壁纸 ②仿大理石瓷砖

主要材料：①大花白大理石 ②艺术灰镜

主要材料：①壁纸 ②玻化砖

主要材料：①爵士白大理石 ②麻质硬包

主要材料：①金箔壁纸 ②浅啡网大理石

主要材料：①米黄洞石 ②硬包

主要材料：①艺术壁纸 ②仿大理石瓷砖

主要材料：①波斯海浪灰大理石 ②雅士白大理石

主要材料：①榉木饰面板 ②爵士白大理石

主要材料：①黑胡桃木窗棂 ②仿大理石瓷砖

主要材料：①黑白根大理石波打线 ②波斯海浪灰大理石

主要材料：①有色乳胶漆 ②白枫木饰面板

主要材料：①米黄大理石 ②欧式壁纸

主要材料：①灰镜 ②白色护墙板条

主要材料：①皮雕软包 ②深啡网大理石

主要材料：①古纹玉大理石 ②仿大理石瓷砖

主要材料：①银箔壁纸 ②白橡木饰面板

主要材料：①深啡网大理石 ②大理石拼花地板

主要材料：①大理石拼花地板 ②欧式壁纸

主要材料：①白橡木饰面板 ②大理石拼花地板

主要材料：①爵士白大理石 ②皮质软包

主要材料：①湖蓝色乳胶漆 ②车边银镜

主要材料：①海浪花大理石 ②仿古砖

主要材料：①护墙板 ②水曲柳木地板

主要材料：①硅藻泥 ②仿古砖

主要材料：①雅士白大理石 ②木纹砖

主要材料：①白色护墙板 ②灰木纹石

主要材料：①条纹壁纸 ②玻化砖

主要材料：①爵士白大理石 ②条纹壁纸

主要材料：①浅啡网大理石 ②米黄洞石

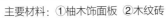

主要材料：①柚木饰面板 ②木纹砖

主要材料：①有色乳胶漆 ②大理石拼花地板

主要材料：①硬包 ②大理石拼花地板

主要材料：①绒布硬包 ②大理石拼花地板

主要材料：①仿大理石瓷砖 ②浅啡网大理石

主要材料：①壁纸 ②肌理漆

主要材料：①米黄大理石 ②地毯

主要材料：①西班牙大理石 ②欧式壁纸

主要材料：①老木板 ②仿古砖

主要材料：①大理石拼花地板 ②深啡网大理石

主要材料：①浮雕壁纸 ②仿大理石瓷砖

主要材料：①大花白大理石 ②皮质硬包

主要材料：①中花白大理石 ②黑镜

主要材料：①仿树榴纹木饰面板 ②金箔壁纸

主要材料：①西班牙米黄大理石　②马赛克地板

主要材料：①灰木纹石　②爵士白大理石

主要材料：①浅啡网大理石　②水曲柳木板擦色

主要材料：①大理石拼花地板 ②皮雕软包

主要材料：①肌理壁纸 ②条纹壁纸

主要材料：①艺术壁纸 ②金刚板

主要材料：①绒布硬包 ②金叶米黄大理石

主要材料：①大花白大理石 ②微晶石

主要材料：①大理石拼花地板 ②欧式壁纸

主要材料：①无纺布壁纸 ②金箔壁纸

主要材料：①黑金花大理石拼花地板 ②车边银镜

主要材料：①水曲柳饰面板 ②布艺硬包

主要材料：①皮革硬包 ②玻化砖

主要材料：①柚木饰面板 ②木纹砖

主要材料：①红砖 ②老木板

主要材料：①艺术壁纸 ②米黄洞石

主要材料：①条纹壁纸 ②仿古砖

主要材料：①条纹壁纸 ②镜面玻璃马赛克

主要材料：①麻质硬包 ②实木地板

主要材料：①玉石 ②木纹砖

主要材料：①深啡网大理石 ②玻化砖

图书在版编目（CIP）数据

2017客厅.欧式风格／佐泽思维·佐泽设计编著.—福
州：福建科学技术出版社，2017.2
ISBN 978-7-5335-5246-6

Ⅰ.①2… Ⅱ.①佐… Ⅲ.①客厅－室内装饰设计－
图集 Ⅳ.①TU241-64

中国版本图书馆CIP数据核字（2017）第024192号

书　　名	2017客厅　欧式风格
编　　著	佐泽思维·佐泽设计
出版发行	海峡出版发行集团
	福建科学技术出版社
社　　址	福州市东水路76号（邮编350001）
网　　址	www.fjstp.com
经　　销	福建新华发行（集团）有限责任公司
印　　刷	福建彩色印刷有限公司
开　　本	889毫米×1194毫米　1/16
印　　张	5.5
图　　文	88码
版　　次	2017年2月第1版
印　　次	2017年2月第1次印刷
书　　号	ISBN 978-7-5335-5246-6
定　　价	35.00元

书中如有印装质量问题，可直接向本社调换